Bibliografische Information der Deutschen Nationalbibliothek:

Die Deutsche Bibliothek verzeichnet diese Publikation in der Deutschen National-
bibliografie; detaillierte bibliografische Daten sind im Internet über http://dnb.d-
nb.de/ abrufbar.

Impressum:

Copyright © 2008 GRIN Verlag, Open Publishing GmbH
Druck und Bindung: Books on Demand GmbH, Norderstedt Germany
ISBN: 9783640496594

Dieses Buch bei GRIN:

http://www.grin.com/de/e-book/139624/die-entstehung-der-alpen

Andy Schober

Die Entstehung der Alpen

Ein geologisch tektonischer Überblick

GRIN Verlag

Friedrich-Schiller-Universität Jena

Institut für Geographie

WiSe 2007/2008

HpS Alpen

Die Entstehung der Alpen –
Ein geologisch tektonischer Überblick

Seminararbeit

Inhalt

1   Einleitung

„Fast alle tektonischen Theorien sind in irgendeiner Weise mit den Alpen verbunden. Sie sind entweder aus deren Problemen entwickelt worden oder sie wurden in die Alpen hineingetragen, um ihre Gültigkeit an ihnen zu erweisen." (WIERER 1998:137)

Die Alpen stehen bereits seit über zwei Jahrhunderten im Mittelpunkt der geowissenschaftlichen Forschung und gehören zu den am besten erforschten Gebirgen der Erde. Wissenschaftler, die sich vorrangig der Untersuchung der Alpen hingeben, erhalten in der Fachwelt sogar oft die Nomenklatur „Alpengeologe" und werden nicht wie alle anderen als Geologen bezeichnet (ROTHE 2005:187). In der Literatur werden die Alpen meist als „Musterbeispiel eines Orogens" (SCHÖNENBERG & NEUGEBAUER 1997:190), „Paradebeispiel der Plattentektonik" (VEIT 2002:16) und als „methodische Schule der Geographie" (DONGUS 1984:388) bezeichnet.

Dachte man früher noch, dass das Aufbrechen der Erdkruste sowie die Auswaschung der tiefen Gebirgstäler die Folge einer Sintflut waren oder die Gebirge das Ergebnis einer Kristallisation von Granit sowie Gneis am Meeresgrund sind und nach anschließendem Absinken des Meeresspiegels frei an der Oberfläche lagen (um nur zwei der vielen älteren Gebirgsbildungstheorien zu erwähnen), ist heute dank des Geophysikers Alfred Wegener und seiner Drifttheorie bekannt, dass die Alpen ein Kollisionsorogen darstellen und durch eine Kontinent-Ozean-Kontinent-Kollision entstanden sind (WIERER 1998:141-148). Jedoch gibt es trotz der langjährigen Erforschung der Alpen, über mehr als zwei Jahrhunderte hinweg, immer noch offene Fragen zur Entstehung sowie zur geologischen Gliederung, die in der Literatur nicht einheitlich verwendet wird und zum Teil große Varianzen aufweist, was schließlich unter den Geologen zu Kontroversen und unterschiedlichen Meinungen führt. Das Ziel dieser Arbeit ist, die Geschichte und die geologische Gliederung der Alpen zu erläutern – „eine bewegte Geschichte: vom Meer zum Gebirge" (KREUTZER 1995:43).

In den nachfolgenden Ausführungen soll zunächst eine räumliche Abgrenzung der Alpen und eine Charakterisierung dieser Region vorgenommen werden. Danach wird auf die Entstehung der Alpen, speziell auf die präalpidische, die alpidische und die quartäre Entwicklung, eingegangen. Im Anschluss daran folgt eine genauere geologische Gliederung der Alpen in seine Faziesbereiche und tektonischen Großeinheiten, wobei jeder Bereich speziell abgehandelt wird und zum Schluss werden die gesammelten Informationen zusammengefasst.

2 Charakterisierung und Abgrenzung der Alpenregion

Als ebenso schwierig wie die geologische Gliederung, erweist sich auch die Abgrenzung der Alpenregion. Diese ist davon abhängig, nach welchen Kriterien die Abgrenzung vorgenommen wird. Entscheidende Kriterien dabei können sein: naturräumliche Gesichtspunkte wie z.B. die Geologie, das Relief oder die Vegetation, sowie wirtschaftlich-politische Gesichtspunkte, wie z.B. Staatsgrenzen. Als eine bewerte und gute Möglichkeit hat sich hierbei eine Mischung aus naturräumlichen und wirtschaftlich-politischen Kriterien ergeben. Somit heben sich die Alpen in der Karte deutlich ab und auch die Täler, die nach dem reinen Kriterium „Meereshöhe", nicht mit zur Alpenregion gehören würden, zählen nach dieser Abgrenzung mit dazu (Abb. 2-1). In diesem Raum leben ca. 11 Mio. Menschen und sieben Staaten teilen sich die Fläche der Alpen: Deutschland, Österreich, Schweiz, Frankreich, Italien, Lichtenstein sowie Slowenien (VEIT 2002:13f.).

Nach VEIT (2002:16) „gehören [die Alpen] zu den jungen Falten- und Deckengebirgen." TRÜMPY (1998:166) verwendet zur Beschreibung der Alpen Adjektive wie klein, hoch, jung, komplex, rasch und kühl. Die Fläche der Alpen beträgt 181500 km². Diese erreichen ihre größte Breite im Osten, mit mehr als 200 km (Bodensee – Verona) und der schmalste Bereich befindet sich in den Westalpen (150 km). Die Länge des Alpenbogens beträgt 1000 km, zwischen Appenin und Wiener Becken (VEIT 2002:14). Bei der Gegenüberstellung dieser Werte zu anderen Gebirgen der Erde ist das erste Attribut „*klein*" wohl gerechtfertigt. Das Alpenorogen als *hoch* zu bezeichnen findet seine Rechtfertigung darin, dass von der Gesamtfläche der Alpen ungefähr 113000 km² oberhalb 2000 m ü.M. liegen und der höchste Berg, der Mont Blanc in den Westalpen, eine Höhe von 4807 m ü.M. aufweist (VEIT 2002:14). Die Alpen sind ein *junges* Gebirge, weil die eigentliche Entstehung erst vor 250 Mio. Jahren, im Mesozoikum, begann und beim Vergleich mit dem Gesamtalter der Erde von 4,6 Mrd. Jahren, wird ersichtlich, dass die Entstehungsgeschichte der Alpen nur einen kleinen Abschnitt davon darstellt (KREUTZER 1995:43). Auf Grund der vielen Überschiebungen einzelner Teile und der tiefen Verflechtung von zwei Platten, werden die Alpen als sehr *komplexes* Gebirge bezeichnet. Das Attribut „*rasch*" begründet sich in den schnellen Verkürzungsgeschwindigkeiten der Deckenbewegungen mit mehreren cm pro Jahr und die Bezeichnung der Alpen als ein „*kühles*" Gebirge liegt an der schnellen Subduktion der kühlen absinkenden Platte, so dass diese auch in großen Tiefen kühl bleibt und eine Metamorphose zwar unter hohen Drücken, aber unter mäßigen Temperaturen erfolgte (TRÜMPY 1998:166, TRÜMPY 1985:18).

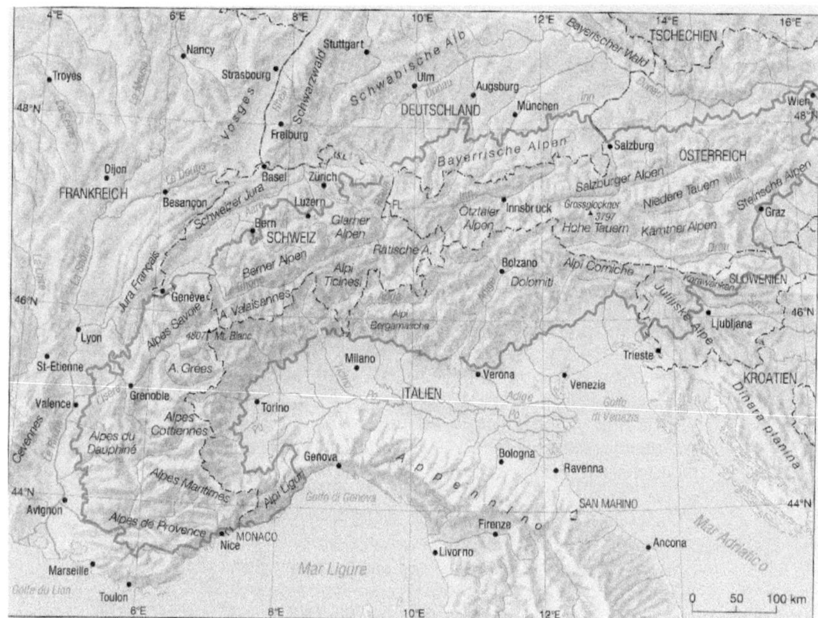

Abb. 2-1: **Geographische Lage und Abgrenzung der Alpen** (VEIT 2002:14).

3 Entstehung der Alpen

Wie bereits erwähnt begann die eigentliche historische Entwicklung der Alpen vor ca. 250 Mio. Jahren, im Zeitalter des Mesozoikums oder zumindest wird in der meisten Literatur ab dieser Ära die Entstehung der Alpen beschrieben. Die geologische Geschichte der Alpen begann jedoch viel früher und reicht bis in Paläozoikum zurück. Somit wird die Entstehungsgeschichte der Alpen in zwei große Teilabschnitte gegliedert – der präalpidischen und alpidischen Entwicklung (MÖBUS 1997:285).

3.1 Präalpidische Entstehung

Obwohl die Erforschung der präalpidischen Entstehung der Alpen in den letzten Jahren große Fortschritte gemacht hat, bleiben trotzdem noch viele Fragen offen (TRÜMPY 1998:167) und die Entwicklung der Alpen im Paläozoikum hat noch einen „stark hypothetischen bis modellartigen Charakter" (MÖBUS 1997:286). Die Erforschung erweißt sich als sehr schwierig, da durch die alpidische Metamorphose, während der Subduktion älteren Gesteins, und die alpidische Überprägung die paläozoischen Gesteine, zusammen mit deren

Merkmalen, „ausgelöscht" wurden. Weiterhin erschwerend wirkten auch überregionale Transversalverschiebungen, Schollenrotationen und Deckenüberschiebungen, die dafür sorgten, dass Gebiete, welche zum Teil weit voneinander entfernt lagen, sich schließlich in direkter Nähe nebeneinander oder übereinander befinden (MÖBUS 1997:285f.). Nach neueren Erkenntnissen sollen wahrscheinlich alle europäischen Gebirgsbildungsphasen, d.h. die cadonische, kaledonische und variscische Gebirgsbildung, an der prä-mesozoischen Alpenbildung mit beteiligt gewesen sein. Während dieser drei Perioden wurde das Grundgerüst bzw. das Grundgebirge der Alpen erschaffen, wobei die variscische Gebirgsbildung den größten Anteil daran hatte. Demzufolge lässt sich das Alpenorogen in zwei Gesteinskomplexe unterteilen: dem hauptsächlich während der variscischen (herzynischen) Tektogenese entstanden Grundgebirge und dem während des Mesozoikum entstandenen Deckenbau (Abb. 3-1) (VEIT 2002:22). Nach RAUMER (1998:407) bestehen über 50% der Alpen aus Fragmenten des paläozoischen Grundgebirges.

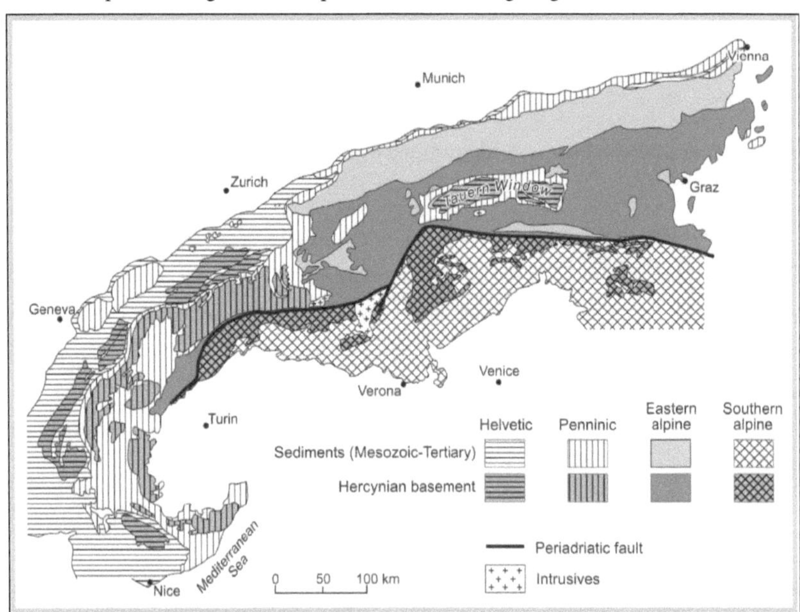

Abb. 3-1: Tektonische Übersichtsskizze der Alpen und Verteilung des paläozoischen Grundgebirges. Die jeweils dunkleren Schraffierungen kennzeichnen zum einen die präalpidischen Grundgebirge, die insbesondere während der variscischen (herzynischen) Gebirgsbildung entstanden sind, und zum anderen das Deckgebirge (Sediments) aus dem Mesozoikum, welches mit helleren Schraffierungen markiert ist (Fitzimons & Veit 2001:342).

Die **cadomische Tektogenese** (vor ca. 600 Millionen Jahren) im Gebiet der Alpen lassen sich auf Grundlage „strukturtektonisch[er] Daten sowie […] radiometrischen Alterswerten […] regionalmetamorphe Vorgänge […] [und eine] Intrusion von basischen und ultrabasischen Gesteinen [dieses Zeitraums]" feststellen (MÖBUS 1997:286). Die darüber gewonnen Erkenntnisse sind jedoch noch zu hypothetisch und unzureichend.

Das Vorkommen der **kaledonischen Gebirgsbildung** im Alpenraum, welche im Zeitraum vom Ordivizium bis Silur (vor ca. 450 – 400 Millionen Jahre) erfolgte, belegen nachgewiesene tektonische und magmatische Tätigkeiten in der Nördlichen Grauwackenzone sowie in den östlichen Zentralalpen. Weiterhin wurden derartige Gebirgsbildungsvorgänge im „Kristallin der Silvretta- und Ötztal-Decke nachgewiesen und werden ebenfalls für das Altkristallin der östlichen Zentralalpen angenommen" (MÖBUS 1997:286).

Die Spuren der **variscischen Tektonik** (vom Devon bis zum Perm) lassen sich im Bereich des Schwarzwaldes und den Vogesen unterhalb der Molasse bis in die Externmassive der Alpen finden (RAUMER (1998:413). Insbesondere diese Externmassive, oder auch Zentralmassive genannt, sind Teile des während der variscischen Tektogenese gebildeten Grundgebirges. Als Beispiele dafür sind zu nennen das Aarmassiv, das Mont Blanc-Massiv und das Gotthardmassiv, die sich alle in den Westalpen, im Helvetikum, befinden (VEIT 2002:22). Variscisches Grundgebirge ist aber auch im Altkristallin der östlichen Zentralalpen (Ostalpen) und im Penninikum zu finden, jedoch liegt es hier in einer mehr durch die alpidische Tektogenese beeinflussten Form vor. In den östlichen Südalpen sind diese Formen jedoch seltener und nur vereinzelt nachweisbar (MÖBUS 1997:285). Auf Grund dieser Verteilungsstruktur ist davon auszugehen, dass die variscischen Vorgänge und Deformationen im Nordwesten der Alpen stärker gewesen waren und zum Südosten hin abnahmen (TRÜMPY 1985:21). Diese Verteilung des Grundgebirges wird besonders gut in der Abbildung 3-1 veranschaulicht. Da die variscische Tektogenese die Folge einer Kollision der beiden Superkontinente Laurussia und Gondwana war, entstand eine variscische Sutur, die nach RAUMER (1998:416) längs durch die nördlichen Alpen verläuft und somit die Nahtstelle zwischen den beiden Urkontinenten darstellt. Dies wäre ein weiterer Beweis für das Vorkommen dieser Gebirgsbildungsphase im Alpenraum, jedoch ist dies in der Literatur noch sehr umstritten. TRÜMPY (1998:169) erscheint die Existenz einer solchen Sutur als unwahrscheinlich. Die oberkarbonischen und permischen Beckenbereiche, vom Vorland bis in die Südalpen, zeigen für eine solche These eine zu homogene Struktur.

3.2 Alpidische Entstehung

Ist man sich über die Entstehung der Alpen im Paläozoikum noch ziemlich unsicher, so hat sich das Wissen über die Entwicklung dieses Gebirges im Mesozoikum wesentlich verfeinert. Anteil daran haben vor allem die Einführung der Deckentheorie, die verbesserten Forschungsmethoden, die Sedimentologie, Stratigraphie, die Strukturgeologie und die Petrologie (PFIFFNER 1994:132).

3.2.1 Trias

Die eigentliche alpidische Entstehung beginnt in der Trias vor 250-205 Millionen Jahren (KREUTZER 1995:44), oder wahrscheinlich schon nach den letzen variscischen Gebirgsbildungsvorgängen im späten Perm. Tektonisch war dieser Zeitraum relativ ruhig (TRÜMPY 1998:169). Alle Kontinente waren, als Folge von Plattenkollisionen sowie den vorangegangenen Gebirgsbildungen, miteinander verbunden und bildeten den Superkontinent Pangäa. Die heißen und trockenen Klimabedingungen führten zu starken Erosionsvorgängen an den Gebirgen (WIERER 1998:149). Der dabei entstandene Verwitterungsschutt wurde in den während der variscischen Gebirgsbildung entstanden Grabenbrüchen abgelagert. Ein Beispiel für derartige Sedimentablagerungen ist der Verrucano, der Mächtigkeiten mit über 1600 m aufweist und „später in die helvetischen Decken einbezogen" wurde (GEIGER 2002:35). Die tektonische Ruhe hielt jedoch nicht lange. Nach WIERER (1998:149) sorgten Konvektionsströmungen für „Aufschmelzungen, Krustendehnung und –ausdünnung" der kontinentalen Kruste Pangäas, was schließlich Grabenbrüche mit sich brachte und das allmähliche Auseinanderbrechen des Superkontinents andeutete. Diese Grabenbrüche und eine Absenkung der immer dünner werdenden Kruste führte zu Transgressionsvorgängen und ein flacher Meeresarm, ein Vorläufer unseres heutigen Mittelmeeres, der Tethys, schob sich von Osten ins Landesinnere vor.

Flüsse lagerten entlang der Küstenlinie Sande und Schotter ab, was im späteren Helvetikum mit einbezogen wird. Etwas weiter entfernt vom Küstenbereich bildeten sich, auf Grund der tropisch warmen Klimate in diesem Flachwasser, riesige Korallenriffe, die eine Lagune, in der ebenfalls Sedimentation (Kalke, Dolomite) stattfand, vom offenen Meer abtrennte und das Ausgangsmaterial der später entstehenden Nördlichen Kalkalpen darstellen (Abb. 3-2) (KREUTZER 1995:44, VEIT 2002:18).

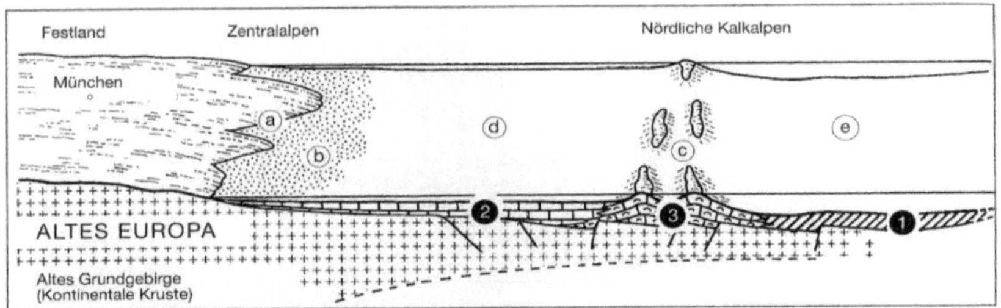

Abb. 3-2: Erscheinungsbild der Alpen während der Trias. a – Küstenlinie südlich der Lage des heutigen Münchens, b – Sande und Schotter als Folge fluvialer Ablagerungen, c – Korallenriffe (3 – Beispiel: der Wetterstein-Riffkalk), d – durch das Riff entstandene Lagune (2 – Beispiel: der Wetterstein-Lagunenkalksand und -schlamm), e – offenes Meer (1 – Beispiel: Kalkschlamm des offenen Meeres) (KREUTZER 1995:44).

3.2.2 Jura

Im Jura, vor 205-135 Millionen Jahren, zerbricht schließlich der Superkontinent Pangäa (Abbildung 3-3) (KREUTZER 1995:44). Gondwana zusammen mit Afrika driftet dabei Richtung Süden und entfernt sich von Europa, wobei sich an der Abbruchstelle Gondwanas die Spitze eines Fortsatzes bildet und dieser deshalb in der Literatur als „adriatischer Sporn" bezeichnet wird (Frisch 1982:420). Der bis dahin flache Meeresarm wird größer und es bildet sich gleichzeitig ein tiefer Meerestrog - der Südpennische Ozean. Nach TRÜMPY (1998:171) fand die Öffnung des Südpennischen Ozeans (Piemont-Ozean) im Mitteljura statt. Zusätzlich zum Drift der beiden Platten traten ebenfalls komplexe Transformstörungen und Drehungen der afrikanischen Platte auf. Die Kalkablagerungen aus der Trias werden von Sedimenten tieferer Gewässer, dem Jura-Schlamm und Bündner Schiefer, bedeckt. Im Bereich der Riftzone steigt ständig Magma auf, wobei es zur Neubildung ozeanischer Kruste mit basischen, dunklen Gesteinen wie Basalt, Gabbro usw. kommt (GEIGER 2002:35f.). Im höheren Jura tritt eine Besonderheit im Mittelpennin auf, da zwischen diesem und dem Helvetikum Zerbrechungserscheinungen der kontinentalen Kruste auftreten – es entsteht der Walliser Trog, bzw. das Nordpennische Becken. „Dadurch entsteht ein Relief mit Inseln", die Mittelpenninische Schwelle (Brianconische Schwelle) östlich des Grabenbruchs. (FRISCH 1982:420). In Richtung SW wird der Walliser Trog schmaler und jünger, so dass die Brianconische Schwelle im Bereich der Hohen Tauern nicht mehr erkennbar ist (TRÜMPY 1998:171). Nach TRÜMPY (1998:173) ist überhaupt eine Trennung des Walliser und Piemont-

Troges in den Ostalpen diskutabel. Dies begründet auch das Fehlen der Schwelle in Abbildung 3-3, die den von TRÜMPY beschriebenen Bereich visualisiert.

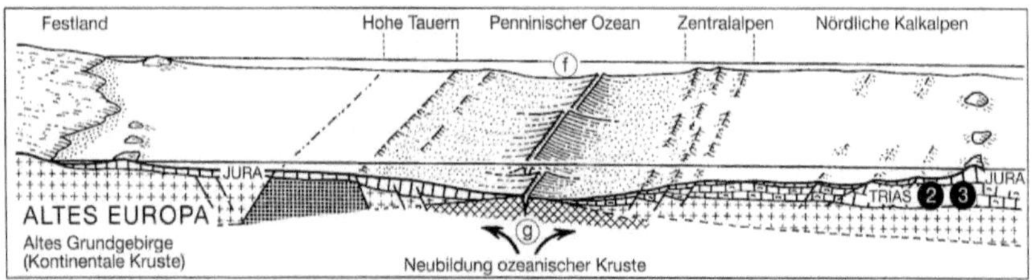

Abb. 3-3: Das Erscheinungsbild der Alpen während des Jura. f – der Pennische Ozean, g – Riftzone (KREUTZER 1995:44).

3.2.3 Kreide

In der Unterkreide, vor 135-95 Millionen Jahren (KREUTZER 1995:44), erreichte der Südpennische Ozean mit einer Ausdehnung von 700-1000 km seine größte Ausdehnung (FRISCH 1982:420, WIERER 1998:150). Die Öffnung der Tethys kommt zum Stillstand und der Richtung Süden driftende afrikanische Kontinent kehrt seine Bewegungsrichtung um – Afrika und Europa nähern sich wieder an (KREUTZER 1995:44). Nach WIERER (1998:150) trennt sich sogar der „adriatische Sporn" (Adriatische Platte), als ein 800000 km² großes Fragment, vom afrikanischen Kontinent ab und driftet als eigenständige Mikro-Kontinentalplatte gegen die europäische Platte. Jedoch ist diese Theorie umstritten (TRÜMPY 1985:27).

Mit dem ändern der Bewegungsrichtung der adriatischen Platte wird die ozeanische Kruste des Südpennischen Ozeans nach Süden einfallend unter die adriatische Platte geschoben, bzw. in die Tiefe abgeführt und es entsteht eine Subduktionszone, die wie in der Einleitung bereits beschrieben sehr schnell, mit einigen cm/Jahr, erfolgte (Abb. 3-4). Hierbei kam es zur ersten alpidischen Metamorphose, der kretazischen Hochdruck-Niedrigtemperatur-Metamorphose (SCHÖNENBERG & NEUGEBAUER 1997:211, FRISCH 1982:420). Während der Subduktion werden die, während der Trias und Jurazeit entstandenen, hunderte Meter dicken Sedimentablagerungen abgeschert, verschuppt und an die Unterseite des Südkontinents „angeschoppt". Während der Subduktion kommt es im Süden, im heutigen Ostalpin, zu den ersten Deckenüberschiebungen und somit zum ersten Deckenbau – die Nördlichen Kalkalpen. Ein Teil der ozeanischen Kruste entgeht jedoch der Subduktion und wird nach oben weggedrückt (Obduktion) (KREUTZER 1995:44, FRISCH 1982:420, GEIGER 2002:36). Dieses nach oben weg gedrückte ozeanische Krustenmaterial wird als Ophiolithe bezeichnet und stellen hauptsächlich Gabbros, Serpentinite und Basalte dar (VEIT 2002:23).

Zur gleichen Zeit der Subduktion setzte im Walliser Trog durch Schlammströme die Flyschsedimentation[1] ein, während dessen dieser sich immer weiter absenkte. Der Grabenbruch wurde immer größer, bis schließlich die kontinentale Kruste aufriss und wahrscheinlich ein schmaler Streifen ozeanische Kruste gebildet wurde – die Entstehung des Nordpennischen Ozeans (FRISCH 1982:420). Der letzte sichere Nachweis für die Entstehung eines mittelozeanischen Rückens fehlt jedoch noch (TRÜMPY 1998:171). Man nimmt heute aber an, dass mit dem Aufreißen der kontinentalen Kruste sich die Brianconische Schwelle (Mittelpenninische Schwelle) vom europäischen Kontinent ablöste und als selbständige Mikroplatte in Richtung Süden driftete (Abb. 3-4) (GEIGER 2002:36).

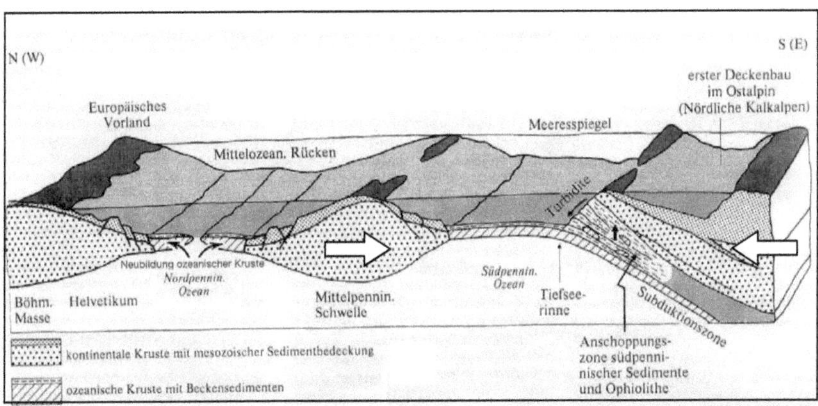

Abb. 3-4: Erscheinungsbild der Alpen während der Unterkreide. Die adriatische Platte driftet in Richtung Nord – Nordwest. Dabei wird die schwere ozeanische Kruste des Südpennischen Ozeans nach unten abgelenkt und subduziert. Zur gleichen Zeit öffnet sich der Nordpennische Ozean und die Mittelpennische Schwelle, als eigenständige Platte, driftet Richtung Süd-Südost (verändert nach FRISCH 1982:420).

Im Zeitraum der jüngeren Kreide (vor 95-65 Millionen Jahren) haben sich die adriatische Platte und die Mittelpenninische Schwelle bereits so angenähert, dass es zur ersten Kollision der beiden kontinentalen Krusten kam (KREUTZER 1995:45). Dabei zerbrach der „adriatische Sporn" und die adriatische Platte schiebt sich über das Mittelpennin. Südpennische Sedimente und Reste der ozeanischen Kruste wurden zwischen Mittelpennin und adriatischer Platte eingeschoben bzw. eingeschuppt, wo sie einen Deckenstapel bilden, und werden teilweise mit

---

[1] Flysch sind fließende, schnell absinkende Sedimentablagerungen meist im Bereich von Grabenbrüchen oder Subduktionszonen (SCHÖNENBERG & NEUGEBAUER 1997:197f.).

über das Mittelpennin geschoben, was teilweise starke Verfaltungen mit sich brachte (Abb. 3-5) (FRISCH 1982:420f.). Auch der Bereich der Nördlichen Kalkalpen wurde auf Grund der Überschiebung weit über die Zentralalpen mitgenommen (KREUTZER 1995:45). Während der ersten Kollision hält die Sedimentation im Südpenninischen Becken an. Im Walliser Trog werden mächtige Schichten Bündnerschiefer aufgenommen und auf der Briankonischen Schwelle lagerten sich im flachen Wasser Mergelkalke ab, die man heute in den Gipfeln des großen Mythen in den Westalpen findet (TRÜMPY 1985:31-33).

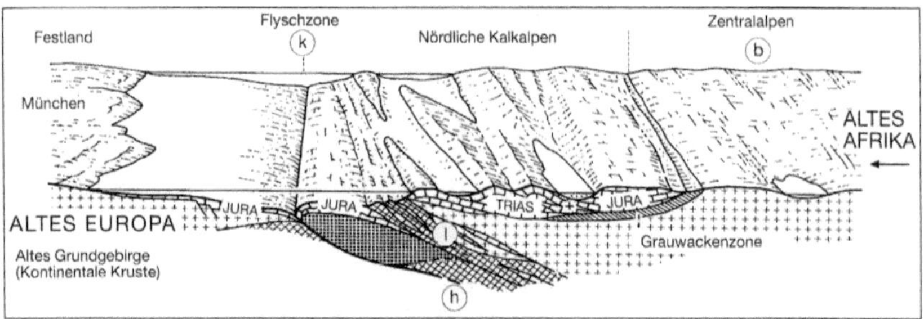

Abb. 3-5: Erscheinungsbild der Alpen während der Oberkreide. h – Überschiebung der adriatischen Platte über das Mittelpennin (Brianconische Schwelle), l – Einschiebung südpennischer Sedimente und Reste der ozeanischen Kruste zwischen Mittelpennin und adriatische Platte (verändert nach KREUTZER 1995:45).

3.2.4 Tertiär

Im Tertiär, vor 65-2 Millionen Jahren (KREUTZER 1995:45), erfolgte schließlich die zweite Kollision, nach kurzer Subduktion der ozeanischen Kruste des Nordpennischen Ozeans. Hierbei kollidierten der, während der ersten Kollision entstandene Deckenstapel, bestehend aus dem mittelpenninischen Mikrokontinent, dem Südpennin und Ostalpin, mit dem europäischen Schelfbereich, dem Helvetikum, das bis zu dieser Phase als Ablagerungsraum des Schelfmeeres diente (FRISCH 1982:421, WIERER 1998:150). Sedimente aus dem Schelfbereich wurden schließlich gegen den Walliser Trog gepresst, wodurch die Sedimente (Flysch) abgeschert und über nördlichere Teile des Schelfs geschoben wurden(Abb. 3-6) (WIERER 1998:150). Insgesamt sorgten die gewaltigen Kräfte während der Kollision dafür, dass ein Bereich, der im Jura eine maximale Ausdehnung von 1000 km hatte, auf 200 km zusammen geschoben wurde. Verfaltungen und Deckenüberschiebungen waren die Folge. Ein Teil der adriatischen Platte, die ostalpinen Sedimente, wurden sogar über 100 km nach

Norden verschoben, wo sie heute die Kalkalpen bilden (Abb. 3-6) (GEIGER 2002:38f.). Dabei wurden die Westalpen stärker zusammen geschoben als die Ostalpen. Dies hat zur Folge, dass die Ostalpen eine größere Nord-Süd Ausdehnung haben, sich die höchsten Berge (Monte Blanc) aber in den Westalpen befinden (Vgl. Abgrenzung der Alpenregion) (FITZSIMONS & VEIT 2001:341). Durch die Kollision kam es zu einer Verdickung der Erdkruste von ursprünglich 30 km auf bis zu 60 km im Bereich der Alpen (VEIT 2002:16). Auf Grund dieses gewaltigen Deckenstapels erhöhten sich der Druck und die Temperaturen in den unteren Bereichen, so dass die Gesteine metamorphisierten. Diese zweite alpidische Metarmorphose, die tertiäre Metamorphose, ist im Gegensatz zur Ersten durch hohe Temperaturen sowie mittleren Drücken gekennzeichnet und hatte seinen Höhepunkt im Eozän, zur Zeit der stärksten Krustenverkürzung (SCHÖNENBERG & NEUGEBAUER 1997:211). Nach TRÜMPY (1998:179f.) waren die Alpen in diesem Zeitraum aber noch kein Hochgebirge. Dies wurde erst vor 28 Millionen Jahren, 10 Millionen Jahre später als die stärksten Krustenverkürzungen stattfanden, erreicht. Ausschlaggebend für die Hebung zum Hochgebirge ist das Prinzip der Isostasie – dem Schwimmgleichgewicht. Auf Grund der verdickten Erdkruste im Alpenbereich, besitzt diese eine so große Masse, dass sie stark in den Erdmantel eintaucht. Erst durch Abtragung werden die Alpen leichter und steigen zwangsweise auf. Weitere, jedoch niedere Gründe für die Hebung waren auch die starke Auffaltung und der Gletscherrückgang im Zuge der Erwärmung (GEIGER 2002:36). Hierbei spielten die Flüsse eine große Rolle. Diese erodierten tiefe Täler in das sich hebende Gebirge und transportieren das dabei gesammelte Material in das noch mit seichtem Wasser gefüllte Molassebecken, in dem die Heraushebung der Alpen anhand der Sedimente dokumentiert ist (Abb. 3-6) (GEIGER 2002:36, KREUTZER 1994:45).

Bei einer erneuten Einengung im Pliozän treten die Überschiebungsvorgänge bis in den außeralpinen Bereich vor. Dadurch werden die Molassebecken bis zu 20 km weit überschoben, wobei ein Teil der Molasse mit verfaltet wird und es entsteht die Faltenmolasse (GEIGER 2002:36).

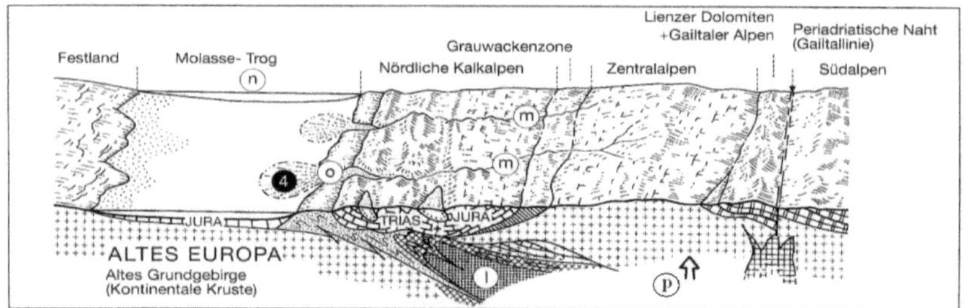

Abb. 3-6: Erscheinungsbild der Alpen während des Tertiärs. l – Penninikum (Bereich der heutigen Hohen Tauer), m – Flüsse erodieren tiefe Täler in das Gebirge, n – der mit seichtem Wasser gefüllte Molassetrog, p – Hebung der Alpen als Folge der Abtragungen (verändert nach KREUTZER 1995:45).

3.3 Die Alpen im Quartär - Heutiges Erscheinungsbild und Alpenrelief

Wie in den vorherigen Ausführungen beschrieben, waren die plattentektonischen Vorgänge die Ursache für die Entstehung der Alpen. Aber das heutige Erscheinungsbild, mit gezackten, stark zerklüfteten Gipfeln, ist noch ein relativ junges Phänomen. Ein derartiges Relief entsteht nach LABHART (1992:121) durch die Wirkung exogener Kräfte der Wasserläufe, Gletscher und bei den verschiedenen Formen der Verwitterung, wobei die eiszeitliche Vergletscherung bei der Reliefprägung der Alpen eine besondere Rolle gespielt hat.

Die über Millionen Jahre andauernde Erosion trug die einzelnen, übereinander liegenden Deckschichten ab und das, was wir heute von den Alpen sehen, „ist nur noch die übrig gebliebene Abtragungsruine des ursprünglichen Deckenkörpers" (DONGUS 1984:390). Die Erosion und die Hebung der Alpen um 0,5 – 1,5 mm im Jahr halten bis heute noch an. Dabei erfolgt beides etwa im gleichen Verhältnis, bzw. die Hebung wahrscheinlich etwas stärker (TRÜMPY 1998:182).

Wie in Abbildung 3-7 zu sehen ist, stellen die unterbrochenen Linien den ursprünglichen Deckenstapel dar. Diese wurden aber im Laufe der Zeit abgetragen, so dass man heutzutage wie durch ein Fenster die darunter liegende Deckenschicht, das Gebiet der Hohen Tauern, eingerahmt von der ursprünglich darüber befindlichen Deckenschicht, sieht (Tauernfenster) (KREUTZER 1994:45).

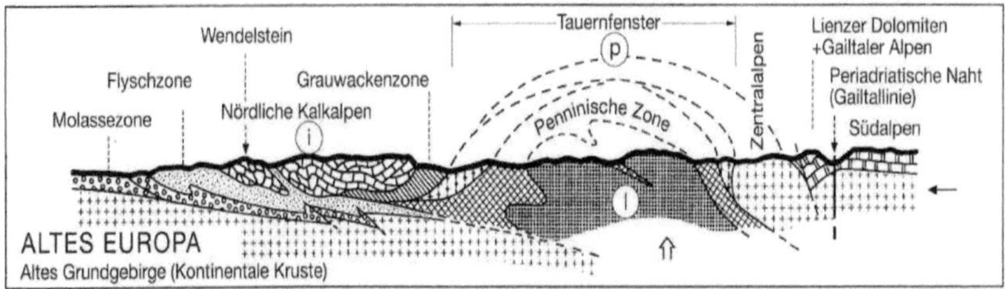

Abb. 3-7: Erscheinungsbild der Alpen heute. l – Der Bereich der Hohen Tauer liegt heute frei an der Oberfläche, i – Bereich der in der Kreidezeit verschuppten, abgeschabten, verschalteten und gefalteten Sedimente aus der Jura und Kreidezeit, p – nach der Abtragung der Deckschicht blickt man wie durch ein Fenster auf die darunter liegende (Tauernfenster) (KREUTZER 1995:45).

4 Schlusswort

Wie in der Arbeit ersichtlich wurde, sind immer noch nicht die letzten Fragen zur Entstehung der Alpen geklärt. Kein derzeitig existierendes Modell ist perfekt .Über den groben Ablauf der alpinen Tektogenese ist man sich sicher, jedoch im Detail gibt es immer noch geringe bis große Abweichungen unter den Autoren und die Diskussionen werden auch in Zukunft weitergehen (TRÜMPY 2001:481). Es bestehen heutzutage immer noch Zweifel ob die Ostalpen ein Teil Afrikas oder Europas waren. Weitere unterschiedliche Meinungen bestehen darin, ob die afrikanische Platte oder nur ein von ihr losgelöster Teil, die adriatische Platte, mit dem europäischen Kontinent kollidierte. Die Forschung entwickelt sich aber immer weiter und insbesondere durch verbesserte Untersuchungsmöglichkeiten werden die unterschiedlichen Meinungen in der Fachwelt angeglichen. Nach FRISCH (1982:421) wird die Erforschung der Alpen noch nicht ein so schnelles Ende finden und viele Generationen nach uns werden in dieser Region und auf diesem Gebiet Beschäftigung finden.

Dabei bleiben die Alpen und ihr heutiges Erscheinungsbild nicht gleich. Wie bereits erwähnt verändert sich das Relief auf Grund von Erosionsvorgängen und epirogener Hebungsvorgänge noch heute.

Literaturverzeichnis:

DONGUS, H. (1984): Grundformen des Reliefs der Alpen. -Geographische Rundschau 36, 8, 388-394.

FITZSIMONS, S. J. & H. VEIT (2001): Geology and Geomorphology of the European Alps and the Southern Alps of New Zealand.- Mountain Research and Development 21, 4, 340-349.

FRISCH, W. (1982): Entwicklung der Alpen. –Geographische Rundschau 34, 9, 418-421.

GEIGER, F. (2002): Die Entstehung der Alpen – Wie kam das Matterhorn von Afrika nach Europa?. –Geographie heute 203, 23, 35-39.

KREUTZER, L. H. (1995): Die Entstehung der Alpen. –Praxis Geographie 7-8, 43-45.

LABHART, T. P. (1992): Geologie der Schweiz. Thun: Ott Verlag.

LÄUFER, A. L., W. FRISCH, G. STEINITZ & J. LOESCHKE (1997): Exhumed fault-bounded Alpine blocks along the Periadriatic lineament: the Eder unit (Carnic Alps, Austria).- Geologische Rundschau 86, 612-626.

NEUBAUER, F. (1994): Kontinentalkollision in den Ostalpen. –Geowissenschaften 12, 5-6, 136-140.

PFIFFNER, O. A. (1994): Die Tiefenstruktur der Alpen. –Geowissenschaften 12, 5-6, 132-135.

RAUMER, J. F. VON (1998): The Palaeozoic evelution in the Alps: from Gondwana to Pangea. –Geologische Rundschau 87, 3, 407-435.

ROTHE, P. (2005): Die Geologie Deutschlands. 48 Landschaften im Portrait. Darmstadt: Primus Verlag.

SCHÖNENBERG, R. & J. NEUGEBAUER (1997[7]): Einführung in die Geologie Europas. Freiburg: Rombach GmbH Druck- und Verlagshaus.

TRÜMPY R. (1985): Die Plattentektonik und die Entstehung der Alpen. Neujahrsblatt/Naturforschende Gesellschaft in Zürich 187, 5.

TRÜMPY R. (1998): Die Entwicklung der Alpen: Eine kurze Übersicht. –Zeitschrift der deutschen geologischen Gesellschaft 149, 2, 165-182.

TRÜMPY, R. (2001): Why plate tectonics was not invented in the Alps. –International Journal of Earth Sciences 90, 477-483.

VEIT, H. (2002): Die Alpen – Geoökologie und Landschaftsentwicklung. Stuttgart: Verlag Eugen Ulmer GmbH.

WIERER, J. F. (1998): Geologie der Alpen in Geschichte und Gegenwart. In: JUNG, W. W. (Hrsg.) (1998): Naturerlebnis Alpen – Jubileumszeitschrift zum 50-jährigen Bestehen der Naturkundlichen Abteilung der Sektion München im Deutschen Alpenverein e.V.. München: Verlag Dr. Friedrich Pfeil.